CON GRIN SUS CONOCIMIENTOS VALEN MAS

Petroquímica Básica. Proceso y Simulación de la Destilación Multicomponente

Edith Choque

Bibliographic information published by the German National Library:

The German National Library lists this publication in the National Bibliography; detailed bibliographic data are available on the Internet at http://dnb.dnb.de.

ISBN: 9783346203182
This book is also available as an ebook.

© GRIN Publishing GmbH
Nymphenburger Straße 86
80636 München

Print and binding: Books on Demand GmbH, Norderstedt, Germany
Printed on acid-free paper from responsible sources.

The present work has been carefully prepared. Nevertheless, authors and publishers do not incur liability for the correctness of information, notes, links and advice as well as any printing errors.

GRIN web shop: https://www.grin.com/document/909706

UNIVERSIDAD MAYOR DE SAN ANDRES
FACULTAD DE INGENIERIA
CARRERA DE INGENIERIA PETROLERA

DESTILACION MULTICOMPONENTE

CHOQUE BLANCO EDITH CORAZON DEL ROSARIO

PETROQUIMICA BASICA

FECHA DE ENTREGA: 25 - SEPTIEMBRE - 2018

LA PAZ – BOLIVIA

INDICE

INDICE DE TABLAS

ÍNDICE DE FIGURAS

SEPARADOR FLASH

1. Introducción.

En la industria de los procesos químicos, los ingenieros a expensas de muchas horas de trabajo e investigación han logrado optimizar ciertas operaciones con cambios, que en algunos casos incluyen sustitución de equipos por otros totalmente distintos que cumplen con la misma finalidad, pero sin importar que cambios se efectúen, el destilador, ocupa una posición central en todo proceso. Alrededor de este se encuentran los equipos para el tratamiento físico de las corrientes de alimentación y salida, tales como bombas para transporte de fluidos, intercambiadores de calor, equipos de separación y mezclado entre otros. (Perry. 1996)

Usualmente la coexistencia de fases más encontradas en la práctica industrial son la de líquido-vapor, aunque también puedan presentarse los estados líquido-líquido, vapor-sólido, y líquido-sólido, de allí la importancia de este informe, pues siendo la coexistencia de fases más común, es idóneo poseer un buen manejo y conocimiento del equilibrio de mezclas de este tipo, partiendo de una solución de dos o más componentes para su posterior separación determinando finalmente el equilibrio entre las fases de cada mezcla. (Smith. Van Ness 2003)

El funcionamiento básico de un separador flash es el de separar una mezcla de componentes en fases de líquido y vapor, esto dependiendo a las condiciones en las cuales ingrese esta mezcla al separador, aunque inicialmente esta mezcla tenga condiciones diferentes ; para la debida adecuación para el ingreso al separador, esta mezcla debe pasar primero por un compresor para luego pasar al enfriador y finalmente al separador flash, en el cual habrá una separación instantánea entre las dos fases ya mencionadas anteriormente, pero según al tipo de mezcla a separar se debe realizar el correcto diseño del separador para que este trabaje de manera óptima. (Smith, 2003)

1

2. Antecedentes.

A pesar de los avances logrados en la producción de otras fuentes como la nuclear, solar, química, geotérmica, hidráulica y eólica, aun se sigue dependiendo, y en gran medida de los combustibles fósiles (hidrocarburos) por sus grandes fuentes de energía. Particularmente, el gas natural viene ganando importancia al ser unos de los combustibles de uso doméstico e industrial más económicos en la actualidad en materia energética, al no necesitar de transformación química para su utilidad y por ser menos nocivo al medio ambiente. (Valenzuela, 1994)

El desarrollo industrial, los acentuados incrementos de precios que ha presentado el petróleo en el mercado de los combustibles y la búsqueda de fuentes de energía que tengan un menor impacto ambiental, ha provocado que el gas se muestre como una oportunidad atractiva de inversión y a la vez, como un negocio muy rentable con enormes posibilidades de expansión dentro de la gran contienda energética mundial. (Luyben, 1996)

Una vez tratado, el gas natural pasa a un sistema de transmisión para poder ser transportado hacia la zona donde será utilizado. El transporte puede ser por vía terrestre, a través de gasoductos, o vía marítima a través de buques. Comparado a otras fuentes de energía, el transporte de gas natural es muy eficiente si se considera la pequeña proporción de energía perdida entre el origen y el destino. Los gasoductos son uno de los métodos más seguros de distribución de energía pues el sistema es fijo y subterráneo. (McCabe, 2004)

En relación al control de procesos, la columna de destilación es uno de los procesos que exhibe fuertes limitaciones tales como respuestas no lineales, considerables tiempos de retardo y fuertes interacciones entre sus variables. Por lo cual, su estudio no es fácil y a la fecha se presenta como un problema abierto y de interés para muchos. (Skogestad, 2004)

3. Marco Teórico.

3.1. Destilación.

Es un proceso en el cual una mezcla de vapor o líquida de dos o más sustancias es separado en sus componentes de pureza deseada, por la aplicación o remoción de calor. La destilación está basada en el hecho de que el vapor de una mezcla hirviente es más rico en componentes de bajo punto de ebullición. (Perry. 1996)

En consecuencia, cuando el vapor es enfriado y condensado, el condensado contendrá los componentes más volátiles. Al mismo tiempo, la mezcla original contendrá en más cantidad los componentes menos volátiles. (Skogestad, 2004)

Las columnas de destilación son diseñadas para alcanzar esta separación de manera eficiente. (Skogestad, 2004)

Aunque mucha gente tiene una idea aceptable de lo que significa "destilación", hay aspectos importantes que merecen ser destacados: (Valenzuela, 1994)

✓ La destilación es la técnica de separación más común.
✓ Consume cantidades enormes de energía en requerimientos de calor y enfriamiento.
✓ Constituyen más del 50% de los costos de operación de planta

La mejor manera de reducir los costos de operación de las existentes unidades, es mejorar la eficiencia y operación mediante procesos de optimización y control. Para alcanzar esta mejora, es esencial un conocimiento profundo de los principios de destilación y como están diseñados los sistemas de destilación. (Walas, S)

3.2. Separador de fases.

Un separador de fases instantáneo simula la evaporación súbita de una o varias corrientes. El caso típico es el flujo atreves de una restricción cuya caída de presión en forma adiabática provoca una vaporización parcial debido a los cual que en el tanque superior puede obtenerse la separación de la fase líquido y vapor. (Huang. 1995)

Figura 1. Separador de fases instantáneo

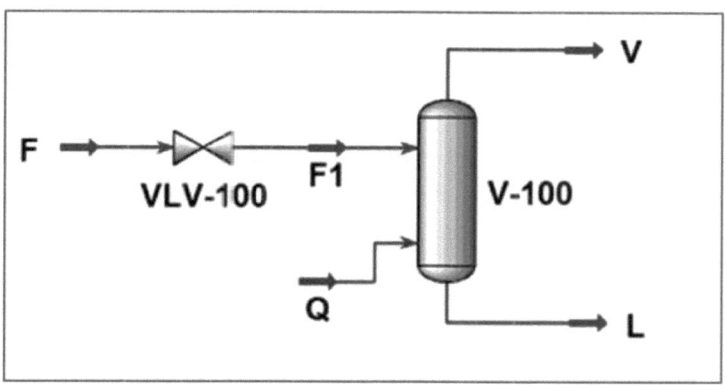

Fuente: Chemical and Engineering News

En el modelaje de la separación se asume que:

➢ El líquido y el vapor tienen un momento suficiente para lograr el equilibrio.
➢ La presión del líquido y del vapor son las del separador.
➢ Existe solo una fase liquida y una fase vapor y no existen reacciones involucradas. (Huang. 1995)

4

3.3. Destilación flash.

Destilación Flash es un proceso típicamente usado para separar una mezcla de componentes. El proceso involucra calentamiento y expansión del flujo a alimentar en una válvula manteniéndolo a baja presión. (Valenzuela, 1994) Una unidad de destilación calcula el estado termodinámico de cualquier flujo de entrada cuando dos especificaciones (por ejemplo, temperatura y presión) son dadas. Una vez que el equilibrio de fase es determinado, las fases pueden ser separadas en distintos flujos de salida. (Walas, S)

En la destilación gobierna la diferencia relativa de volatilidad; el vapor que sale de la parte superior contiene en mayor proporción el compuesto de mayor volatilidad. (Perry. 1996)

Un proceso de destilación binaria involucra un equilibrio entre dos fases líquido y vapor. Para una mezcla, un equilibrio de fase existe sobre un rango de temperatura. (Skogestad, 2004)

- La energía del fluido al entrar al recipiente debe ser controlada.
- La tasa de flujo de las fases liquida y gaseosa deben estar comprendidas dentro de ciertos límites, que serán definidos a medida que se analice el diseño. Esto hace posible que la separación inicial se efectúe gracias a las fuerzas gravitacionales las cuales actúan sobre esos fluidos.
- La turbulencia que ocurre en la sección ocupada por el gas debe ser minimizada.
- Las fases liquidas y gaseosas; luego debe ser separadas no pueden volverse a poner en contacto.
- Las salidas del líquido deben estar provistas de controles de presión y nivel.

5

- Las regiones del separador donde se pueden acumular sólidos deben en lo posible tener las provisiones para la remoción de los mismos.
- El separador requiere de válvulas de alivio para evitar presiones excesivas.
- El separador debe poseer manómetros, termómetros y controles de nivel.
- Es conveniente que cada recipiente posea boquillas para inspección oportuna. (Perry, 1993)

3.3.1. Procesos de separación.

En el caso de mezclas gas-liquido, la mezcla de estas fases entra al separador y, si fuese diseñado con deflector, choca contra este aditamento (añadidura) interno ubicado en la entrada, lo cual hace que cambie el momento de la mezcla, provocando así una separación gruesa de las fases. (Smith, 2003)

Seguidamente, en la sección de decantación (espacio libre) del separador, en donde actúa la fuerza de gravedad sobre el fluido permitiendo que el líquido abandone la fase vapor y caiga hacia el fondo del separador (sección de acumulación de líquido). (Perry, 1993)

Esta sección proporciona el tiempo de retención suficiente para que los equipos aguas abajo puedan operar satisfactoriamente y, si se ha tomado la previsión correspondiente, liberar el líquido de las burbujas de gas atrapadas. (Walas, S)

En el caso de separaciones que incluyan dos fases liquidas cualquiera que éstas sean, se necesita de disponer de un tiempo de residencia mucho mayor, dentro del tambor separador, lo suficientemente alto para

6

la decantación de una fase líquida pesada, y la "flotación" de una fase líquida más liviana. (Smith, 2003)

3.3.2. Flujo de entrada y salida.

La unidad de Flash puede tener cualquier cantidad de flujos de alimentación. Las posibles fases de los productos son vapor, líquido, agua decantada (segunda fase líquida), una mezcla líquido vapor, y sólidos. Una unidad Flash no hace ningún cálculo de equilibrio para la fase sólida, pero puede ser removido como un flujo de salida si se quiere. (Doherty, 1978)

3.3.3. Balance de materia en el separador flash.

Cuando se requiere calcular el equilibrio líquido-vapor que se produce en un proceso de destilación se realiza un balance de energía en el separador flash. Este consiste en: (Doherty, 1978)

Balance Total de Masa
$$F = V + L \tag{3-1}$$

Balance Por Componente
$$F * Z_i = V * Y_i + L * X_i \tag{3-2}$$

Equilibrio
$$Y_i = K_i * X_i \tag{3-3}$$

$$\sum Y_i - \sum X_i = 0 \tag{3-4}$$

Flash Isotérmico
$$X_i = \frac{Z_i}{(K_i-1)\frac{V}{F}+1} \tag{3-5}$$

3.4. Simulador Hysys.

El simulador Aspen Hysys es un componente de la Aspen Engineering Suite (AES) que incluye herramientas para la estimación de propiedades físicas, equilibrios líquidos- vapor, balances de materia y energía, diseño y optimización de procesos. (Benz, S)

Hysys requiere de un mínimo de datos de entrada proporcionados por el usuario, los parámetros de entrada más importantes que se necesitan para definir una corriente son temperatura, presión, flujo y composición de la corriente. (Walas, S)

En el simulador Hysys, toda la información necesaria referente a los cálculos de propiedades físicas y equilibrio líquido vapor está contenida en el Fluid Package, por lo tanto, elegir el correcto "Fluid Package" para un componente o una mezcla de componentes dado es esencial como punto de partida para un modelado preciso del Proceso. (Benz, S)

3.4.1. Modelos matemáticos. -

Un modelo matemático es uno de los tipos de modelos científicos que emplea algún tipo de formulismo matemático para expresar relaciones, proposiciones sustantivas de hechos, variables, parámetros, entidades y relaciones entre variables de las operaciones, para estudiar comportamientos de sistemas complejos ante situaciones difíciles de observar en la realidad. (Doherty, 1978)

3.4.1.1. Modelo matemático de Redlich-Kwong-Soave.

La ecuación de estado de Redlich-Kwong-Soave (SKR) es una modificación de la ecuación de estado de Redlich-Kwong (basada en la ecuación de van der Waals) y fue publicada por Georgi Soave en 1972. Soave reemplazó el término de a/T^0,5 en la ecuación de Redlich-Kwong por un término general dependiente de la temperatura, a(T). Su expresión modificada es la siguiente: (Royce, 1997)

$$P = \frac{RT}{(V-b)} - \frac{a(T)}{V(V+b)} \tag{3-6}$$

Donde:

$$b = \sum x_i\, b_i \tag{3-7}$$

$$b_i = \frac{0.08664 RT c_i}{P c_i} \tag{3-8}$$

Tci, Pci = Temperatura y presión crítica del componente i.

$$a(T) = \sum_i \sum_j x_i\, x_j \left(a_i a_j\right)^{\frac{1}{2}} (1 - k_{ij}) \tag{3-9}$$

$$\alpha^{0.5} = 1 + m_i (1 - T_{ci}{}^{0.5}) \tag{3-10}$$

$$a_i = a_{ci}\alpha_i \tag{3-11}$$

$$m_i = 0.48 + 1.54\omega_i + 0.176\omega_i^2 \tag{3-12}$$

ωi = Factor Acentrico del componente i.

kij = Constante de interacción binaria para el componente i y j.

3.4.1.2. Modelo matemático de Peng – Robinson.

La ecuación de estado Peng Robinson (PR) es una modificación de la ecuación de estado de Redlich-Kwong y fue publicada por Peng y Robinson en 1976. Es similar a la ecuación de Soave-Redlich-Kwong desde muchos puntos de vista y fue diseñada para mejorar la pobre predicción de la densidad de líquidos del método de SRK. (Royce, 1997)

Fue reemplazada en la ecuación de SRK el término de a/T 2 por un término más general de pendiente de temperatura, a(T). La expresión es la siguiente: (Royce, 1997)

$$P = \frac{RT}{V_m - b} - \frac{a\alpha}{V_m^2 + 2bV_m - b^2} \tag{3-13}$$

Dónde: R = constante de los gases (8,31451 J/mol·K)

$$a = \frac{0.45723553 R^2 T_C^2}{P_C} \tag{3-14}$$

$$b = \frac{0.0777907 R T_C}{P_C} \tag{3-15}$$

$$\alpha = (1 + (0.37464 + 1.54226\omega - 0.26992\omega^2)(1 - T_r^{0.5}))^2 \tag{3-16}$$

$$T_r = \frac{T}{T_C} \tag{3-17}$$

Donde ω es el factor acéntrico del compuesto.

Generalmente la ecuación de Peng-Robinson da unos resultados similares a la de Soave, aunque es bastante mejor para predecir las densidades de muchos compuestos en fase líquida, especialmente los apolares. (Peng. D.Y, Robinson. D.B)

El " fluid Package " elegido para la separación de hidrocarburos líquidos con procesos criogénicos es Peng Robinson, que usa la ecuación de estado cubica de Peng-Robinson para el cálculo de todas las propiedades termodinámicas. (Benz, S)

Para petróleo, gas y aplicaciones petroquímicas, la ecuación de estado de Peng- Robinson EOS (PR) es generalmente la recomendada sobre la ecuación de Soave-Redlich-Kwong (SRK), ya que soporta un amplio rango de condiciones de operación. (Benz, S)

3.4.2. Elementos a utilizar en la simulación.

Los elementos que utilizaremos en la simulación de la operación de destilación flash son los siguientes:

3.4.2.1. Compresor.

Los compresores son equipos que cumplen la función de generar el movimiento de los fluidos desde un punto a otro del proceso, reduciendo el volumen de un fluido en estado gaseoso y aumentando su presión. (Elaboración propia)

Para los compresores se utiliza el balance de energía térmica. El trabajo en un separador equivalente al cambio de entalpía. Todos los compresores deben tener un separador de líquidos y sólidos antes de la etapa de comprensión. (Elaboración propia)

Figura 2. Compresor

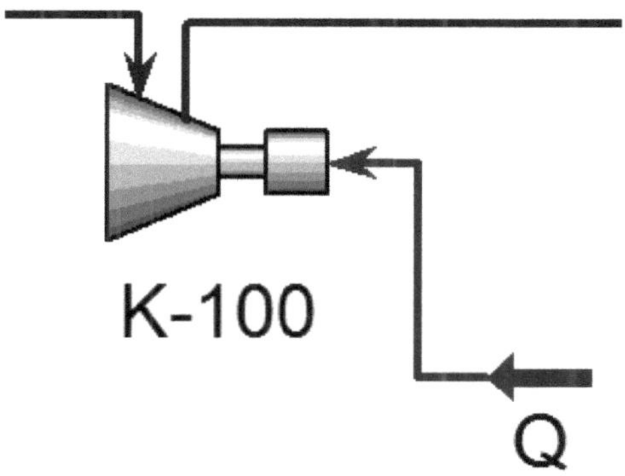

K-100

Q

Fuente: Elaboración propia, Hysys V 8.8.

3.4.2.2. Enfriador (Cooler).

Enfría líquidos o gases por medio de agua. (Elaboración propia)

Figura 3. Enfriador

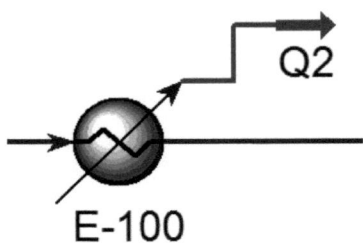

Fuente: Elaboración propia, Hysys V 8.8.

3.4.2.3. Tanque Flasheo. -

Este tanque es utilizado para separar el gas tomado del flasheo de un líquido desde una presión alta hasta una más baja. (Elaboración propia)

Figura 4. Tanque Flasheo

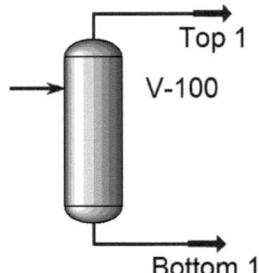

Fuente: Elaboración propia, Hysys V 8.8.

3.5. Método analítico. -

Uno de los métodos más sencillo de resolución de problemas de equilibrio de fases, es donde se determina la constante de equilibrio por el Nomograma de DePriester.

Esta correlación, permite contar con efectos promedios de composiciones, pero la base esencial es la ley de Raoult. La ley de Raoult expresa los valores de K, como funciones simplemente de T y P, independientes de las composiciones de las fases vapor y líquido.

Cuando las suposiciones que sirven de fundamento a la ley de Raoult son apropiadas, permite que los valores de K se calculen y correlacionen como funciones de T y P. Para mezclas de hidrocarburos ligeros y de otras moléculas simples, en las que los campos de fuerza moleculares no son complicados, las correlaciones de esta clase tienen validez aproximada.

La Fig. 5 y 6, muestra un nomograma para valores de K de hidrocarburos ligeros como funciones de T y P.

Figura 5. Monogramas para el valor de K

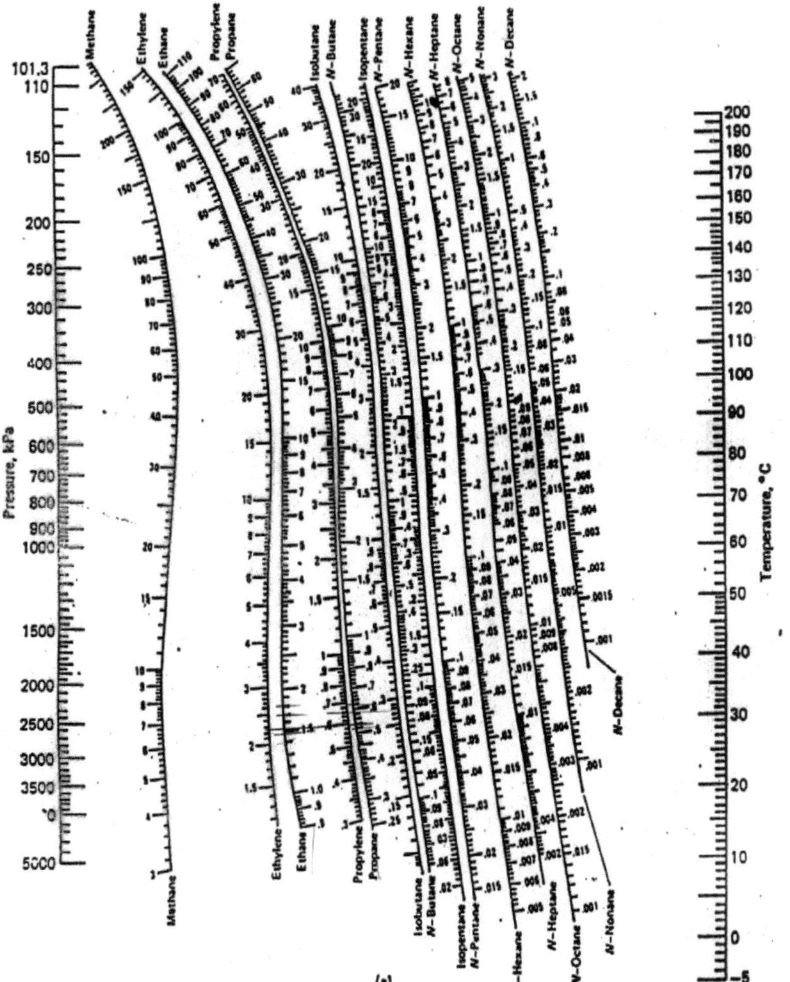

Fuente: DePriester (1953).

Figura 6. Monogramas para el valor de K

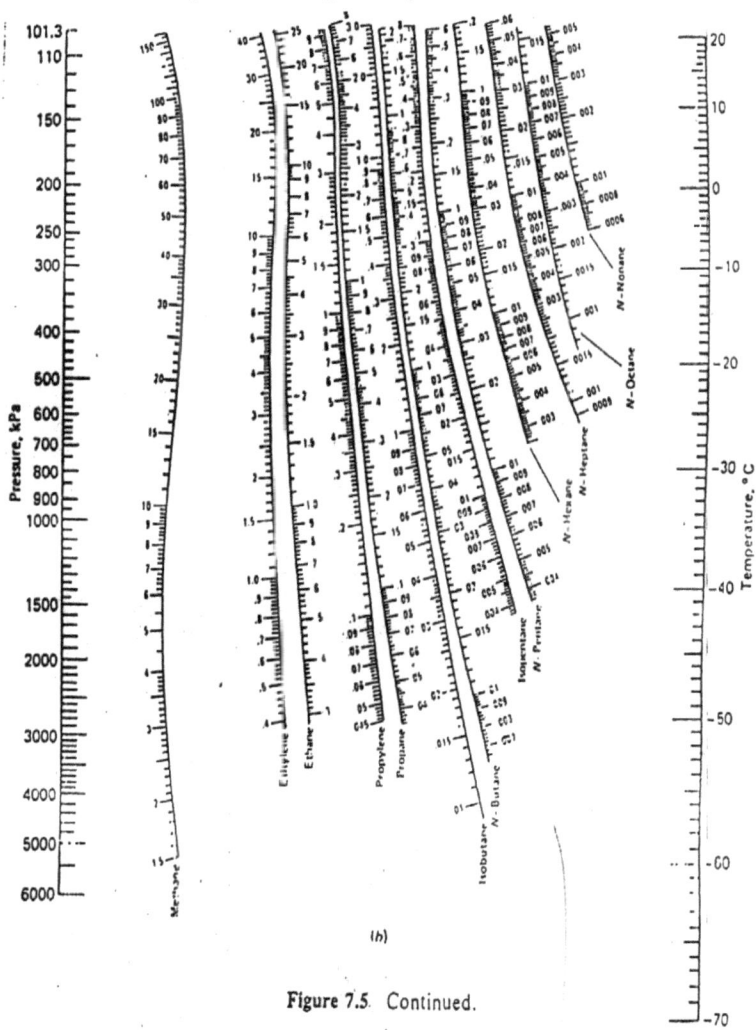

Figure 7.5 Continued.

Fuente: DePriester (1953).

4. Planteamiento del problema.

Se tiene una corriente que contiene 15% etano, 20% propano, 60% i-butano y 5% n-butano a 50 °F, con una presión atmosférica y un flujo de 100 lb mol/hr. Esta corriente tiene que ser comprimido a 50 psia y entonces enfriado a 32°F. El vapor y líquido resultantes tienen que ser separados en dos corrientes. ¿Cuáles son los flujos y composiciones de estas dos corrientes?

4.1. Métodos de resolución.

Para la resolución del ejercicio utilizaremos dos métodos, lo resolveremos con ayuda del simulador Hysys y paralelamente por el método analítico.

4.1.1. Simulación en Hysys.

a) Introducir los siguientes valores en el fluid package:

Tabla 1. Datos del Fluid Package

En esta página...	Seleccionar
Paquete apropiado	Peng- Robinson
Componentes	Etano, propano, i-butano, n-butano

Fuente: Elaboración propia.

- Haga click en el botón de Introducir el ambiente de simulación cuando se esté listo para empezar la construcción de la simulación.

- Añada una nueva corriente de materia con los siguientes valores:

Tabla 2. Datos de la corriente de materia

En esta celda...	Introducir
Nombre	Gas
Temperatura	50° F
Presión	1 atm
Flujo Molar	100 lbmol/hr
Composición	Etano – 15%
	Propano – 20%
	i-butano – 60%
	n-butano – 5%

Fuente: Elaboración propia.

b) Añadiendo un compresor:

- Haga doble click en el botón de Compresor en la Paleta de Objetos.
- En la página de Conexiones, introduzca la siguiente información:

Figura 7. Conexiones del compresor.

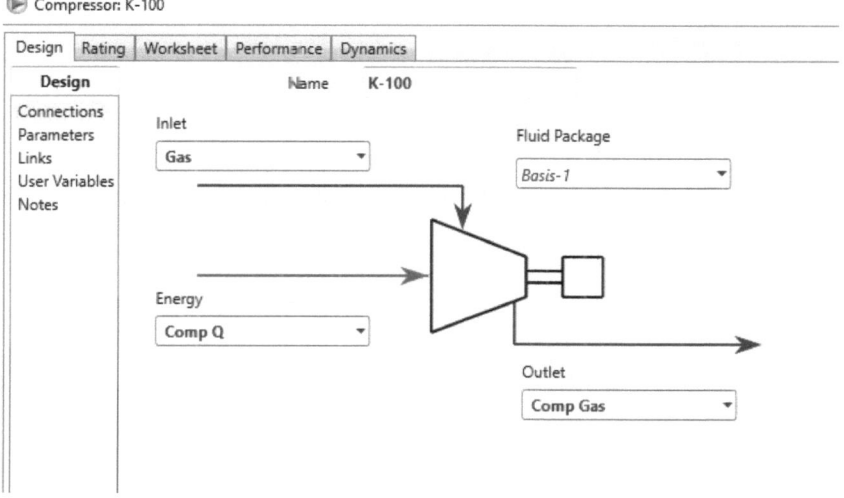

Fuente: Elaboración propia, Hysys V 8.8.

- Diríjase a la pestaña de Hoja de Cálculo. En la página de Condiciones, completar la página como se muestra. La presión para el Gas Comprimido es 50 psia.

Figura 8. Condiciones del compresor

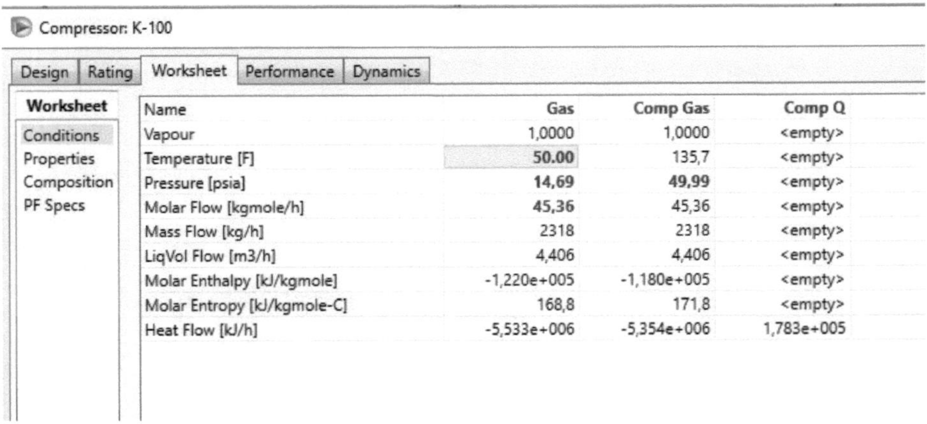

Compressor: K-100

| Design | Rating | Worksheet | Performance | Dynamics |

Worksheet	Name	Gas	Comp Gas	Comp Q
Conditions	Vapour	1,0000	1,0000	<empty>
Properties	Temperature [F]	50.00	135,7	<empty>
Composition	Pressure [psia]	14,69	49,99	<empty>
PF Specs	Molar Flow [kgmole/h]	45,36	45,36	<empty>
	Mass Flow [kg/h]	2318	2318	<empty>
	LiqVol Flow [m3/h]	4,406	4,406	<empty>
	Molar Enthalpy [kJ/kgmole]	-1,220e+005	-1,180e+005	<empty>
	Molar Entropy [kJ/kgmole-C]	168,8	171,8	<empty>
	Heat Flow [kJ/h]	-5,533e+006	-5,354e+006	1,783e+005

Fuente: Elaboración propia, Hysys V8.8

c) Añadiendo un Enfriador

- Haga doble click en el botón de Enfriador en la Paleta de Objetos.

- En la página de Conexiones, introducir la siguiente información:

Figura 9. Conexiones del cooler

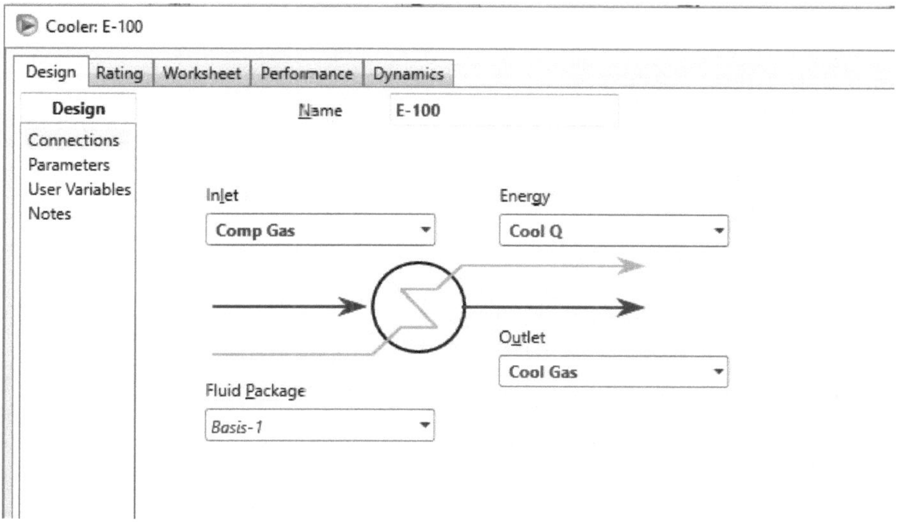

Fuente: Elaboración propia, Hysys V8.8

- Cambie a la página de Parámetros y complete la página como se muestra en la. La variación de presión es 0 psia.

- Diríjase a la pestaña de Hoja de Cálculo. En la página de Conexiones, completar la página como se muestra. La temperatura para el Gas Enfriado es 32° F.

Figura 10. Condiciones del cooler

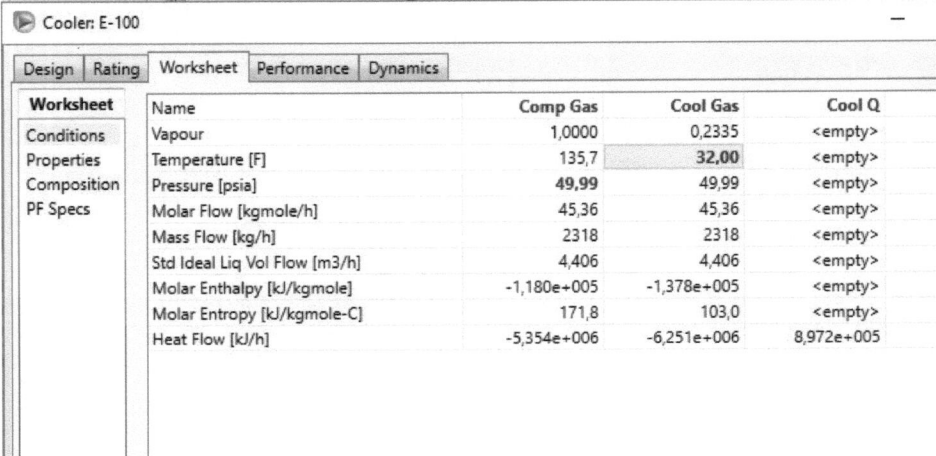

d) Añadiendo un Separador Flash:

- Haga doble click en el botón de Separador en la Paleta de Objetos.

Figura 11. Conexiones del separador

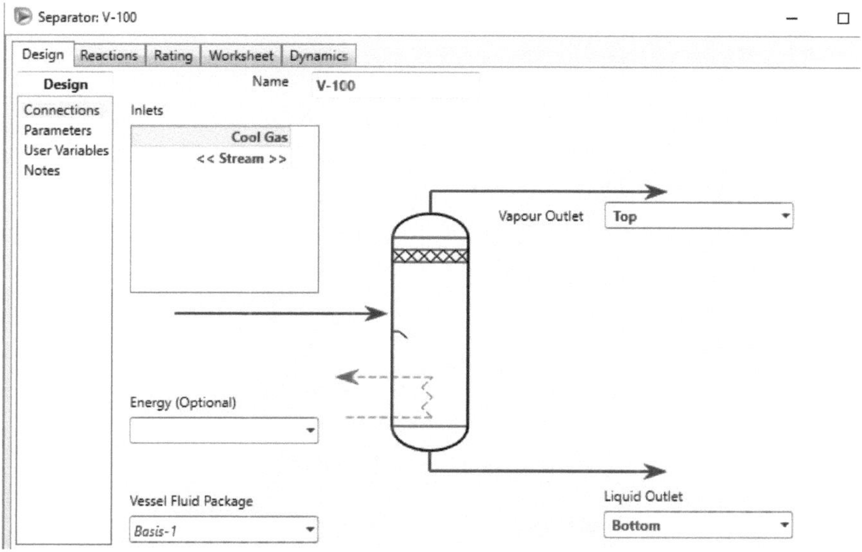

Fuente: Elaboración propia, HysysV8.8

- Diríjase a la pestaña de Hoja de Cálculo para pre visualizar el resultado.

Figura 12. Resultados de la simulación

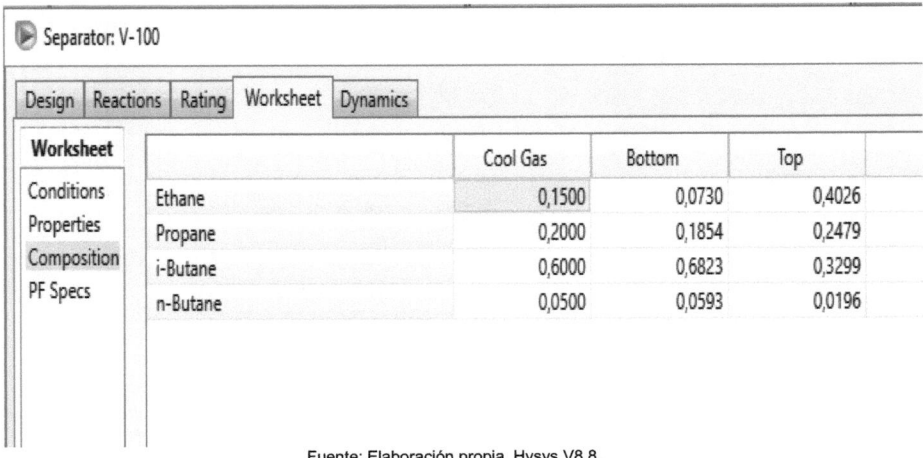

		Cool Gas	Bottom	Top
	Ethane	0,1500	0,0730	0,4026
	Propane	0,2000	0,1854	0,2479
	i-Butane	0,6000	0,6823	0,3299
	n-Butane	0,0500	0,0593	0,0196

Fuente: Elaboración propia, Hysys V8.8.

4.1.2. Método analítico.

Calculo haciendo uso de la ecuación de Rachford Rice y la aproximación por Newton Raphson.

- Primero hallamos el valor de K para cada componente con los monogramas de las Figuras 5 y 6.
- Luego hallar el valor de A_i y B_i para cada componente para posteriormente sumar con las siguientes ecuaciones:

$$A = \sum z_i \, (K_i - 1) \qquad ; \qquad B = \sum \frac{z_i \, (K_i - 1)}{K_i}$$

Tabla 3. Tabla de Excel del valor de K por monogramas

Composicion		K grafica	Ai Kgraf	Bi Kgraf
C2	0,15	6	0,75	0,125
C3	0,2	1,1	0,02	0,01818182
i C4	0,6	0,48	-0,312	-0,65
n C4	0,05	0,33	-0,0335	-0,10151515
			A	B
		Suma	0,4245	-0,60833333

- Iniciamos con el punto de partida del n_g asumido, con la siguiente ecuación:

$$n_g = \frac{A}{A - B}$$

- Finalmente vamos iterando con el algoritmo de Newton-Raphson con las siguientes fórmulas:

$$n_{g_{n+1}} = n_{g_n} - \frac{f(n_g)}{f'(n_g)}$$

Donde:

$$f(n_g) = \sum \frac{z_i (K_i - 1)}{1 + ng(K_i - 1)} \quad ; \quad f'(n_g) = \sum \frac{z_i (K_i - 1)^2}{[1 + ng(K_i - 1)]^2}$$

Tabla 4. Resultados de la iteración

nginicial=A/(A-B)				
0,411005325				

Iteracion	ng	f(ng)	f´(ng)	f(ng)/f´(ng)
0	0,411005325	-0,178329842	-0,70880858	0,251590975
1	0,15941435	0,059324733	-1,384148655	-0,042860088
2	0,202274438	0,005056917	-1,161507544	-0,004353753
3	0,206628192	4,05325E-05	-1,142995906	-3,54616E-05
4	0,206663653	2,62675E-09	-1,142847767	-2,29842E-09
5	0,206663655	6,245E-17	-1,142847758	-5,46442E-17
6	0,206663655	-4,85723E-17	-1,142847758	4,25011E-17

Fuente: Elaboración propia, Excel

La tabla anterior muestra las iteraciones realizadas con el Excel, haciendo uso del método numérico Newton-Raphson ya que este método es practico y tiene aproximación óptima.

Tabla 5. Resultados finales

Composicion		
componentes	Y	X
C2	0,4426	0,0738
C3	0,2155	0,1960
i C4	0,3227	0,6722
n C4	0,0192	0,0580
suma	1	1

Fuente: Elaboración propia, Excel

La presente tabla muestra las composiciones finales referentes a nuestra muestra, calculadas por el método analítico.

4.2. Resultados.

Se realizó un cálculo de error entre los dos métodos con los siguientes resultados:

Tabla 6. Resultados del cálculo de error entre los dos métodos

ERROR EXPERIMENTAL					
METODO HYSYS		METODO ANALITICO		APROXIMACION %	
BOTTOM	TOP	X	Y	L	V
0,0730	0,4026	0,0738	0,4426	1,09	9,93
0,1854	0,2479	0,1960	0,2155	5,71	13,06
0,6823	0,3299	0,6722	0,3227	1,48	2,18
0,0593	0,0196	0,0580	0,0192	2,19	2,04

Fuente: Elaboración propia, Excel

La siguiente tabla muestra la comparación de los dos métodos empleados para el cálculo de composiciones de un separador flash.

5. Conclusiones.

- En la simulación se puzo obtener diferentes datos que nos ayudan para el entendimiento del funcionamiento de la torre de destilación.

- El software HYSYS es una herramienta muy útil usada hoy en día para simular todo tipo de procesos químicos y está orientado principalmente a la industria hidrocarburifera.

- El fluid package usando Peng-Robinson es caracterizado por que se asemeja mucho más al comportamiento de sustancias apolares.

26

6. Recomendaciones.

-   Tener cuidado al introducir los datos para una correcta simulación.

-   Realizar el control automático del proceso en base al diseño propuesto, usando como herramienta el simulador HYSYS

-   Es de vital importancia que en la carrera de ingeniería petrolera se incentive y promueva el uso de herramientas tales como HYSYS ya que el buen manejo de estos softwares se ha convertido en un requisito fundamental para el ingeniero petrolero para poder simplificar de sobremanera el cálculo de propiedades para cualquier proceso.

7. Bibliografía.

/1/ Aguilar,A,J; (2009);"Simu ación de Procesos"; Venezuela.

/2/ Clement, P, S; (2003); "Hysys 3.2 User Guide"; Hyprotech Inc

/3/ Chambadal, P; (1973); "Los Compresores"; Ed. Labor; Barcelona

/4/ Huang, H,J; (1995); "Chemical and Enineering News".

/5/ Luyben, H, M; (1996); "Ingeniería Química tecnología y separación de procesos Vol 2"; quinta edición.

/6/ Maita, H, G; (2008); "Evaluación de una corriente de gas mediante la aplicación de Separación para Extracción de líquidos del Gas Natural"; Trabajo de grado; Universidad de Oriente; Venezuela

/7/ Moh, A, K; (2007); "An Introduction to chemical Engineering Simulation";Malasia.

/8/ PDVSA; (1990); "Manual de diseño de procesos de separación fisica"

/9/ Perry, A, R; (1996); "Manual de ingeniero Quimico"; sexta edición; México.

/10/ Sandler, R, S; (1989); "Termodinámica del Equilibrio"; Ed. Limusa; segunda edición.

/11/ Skogestad, R, M; (1997); "Operaciones de Separación por etapas de Equilibrio"; Ed. Reverte S.A.; México.

/12/ Smith, J, M; (2003); "Introducción a la Termodinámica"; Ed. Mac Graw Hill; sexta edición.

/13/ Thompson, P, A; (1991); "Compressible Fluid Oynamics"; Ed. Mac Graw Hill

/14/ Treyball, B, R; (1980); "Operaciones de Transferencia de masa"; Ed. Mac Graw Hill; Segunda edición

/15/ Royce, P, N; (1997); "Compressors selection and sizing"; Houton.USA

/16/ Valenzuela, C, M (1994); "Diseño de un separador móvil trifásico"; tercera edicion.

/17/ PENG, D. Y. & Robinson, D. B. (1976). A New Two Constant Equation of State. Industrial and Engineering Chemistry: Fundamentals 15.

/18/ WALAS, Stanley (1990). Chemical Process Equipment. Editorial Butterworth-Heinemann. Massachusetts USA.

/19/ Charts of C.L. DePriester. Chem. Eng. Prog. Symp (1953)